MathStart®

洛克数学启蒙❶

MathStart®
洛克数学启蒙①

跳跃的蜥蜴

[美]斯图尔特·J.墨菲 文 [美]琼·阿迪诺菲 图 漆仰平 译

海峡出版发行集团
THE STRAITS PUBLISHING & DISTRIBUTING GROUP
福建少年儿童出版社
FUJIAN CHILDREN'S PUBLISHING HOUSE

按群计数

献给卡米拉，她跳得就像蜥蜴一样高。

——斯图尔特·J.墨菲

献给卡斯滕，我的数学蜥蜴。

——琼·阿迪诺菲

著作权合同登记号：图字 13–2023–038号

图书在版编目（CIP）数据

洛克数学启蒙.1.跳跃的蜥蜴 / (美) 斯图尔特·
J.墨菲文；(美) 琼·阿迪诺菲图；漆仰平译. –– 福州:
福建少年儿童出版社，2023.9
ISBN 978-7-5395-8091-3

Ⅰ.①洛… Ⅱ.①斯… ②琼… ③漆… Ⅲ.①数学 -
儿童读物 Ⅳ.①O1-49

中国国家版本馆CIP数据核字(2023)第005305号

LUOKE SHUXUE QIMENG 1·TIAOYUE DE XIYI
洛克数学启蒙 1·跳跃的蜥蜴

著　者：[美]斯图尔特·J.墨菲 文　[美]琼·阿迪诺菲 图　漆仰平 译
出 版 人：陈远 出版发行：福建少年儿童出版社 http://www.fjcp.com e-mail:fcph@fjcp.com 社址：福州市东水路 76 号 17 层（邮编：350001）
选题策划：洛克博克 责任编辑：邓涛 助理编辑：陈若芸 特约编辑：刘丹亭 美术设计：翠翠 电话：010-53606116（发行部）印刷：北京利丰雅高长城印刷有限公司
开　本：889 毫米 ×1092 毫米 1/16 印张：2.5 版次：2023 年 9 月第 1 版 印次：2023 年 9 月第 1 次印刷 ISBN 978-7-5395-8091-3 定价：24.80 元

跳跃的蜥蜴

小懒虫们——
该出发了！
我们得准备去表演了。

1、2、3、4、5，
只来了5只。
数量不够啊！
这可怎么办？

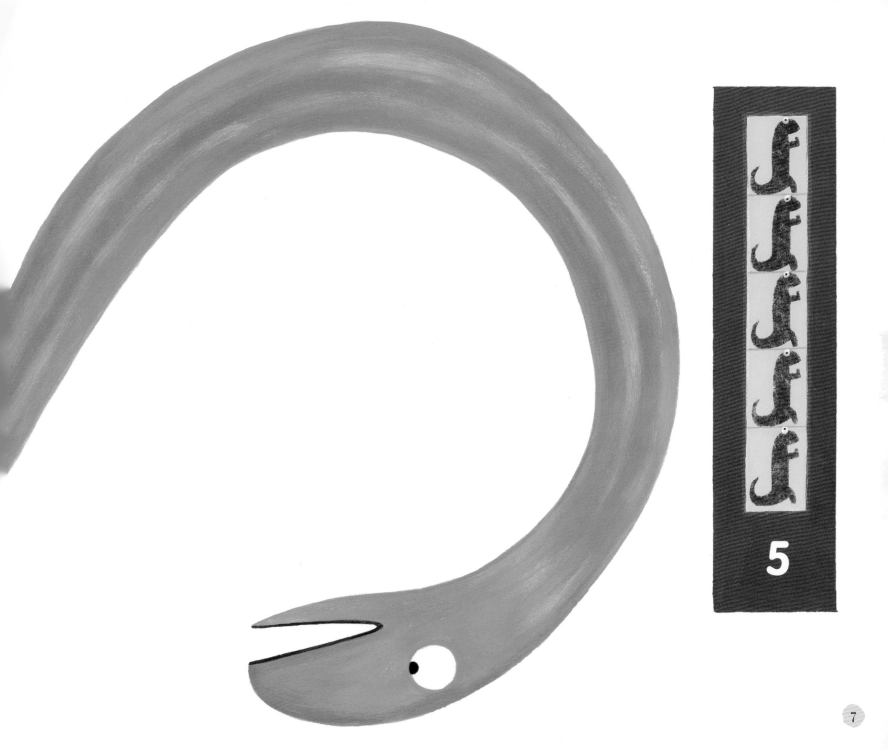

5

我们需要50只蜥蜴加入进来，
否则演出就没办法进行。

瞧！又来了5只，
全都骑着独轮车。
把它们加上！
现在总共是10只。

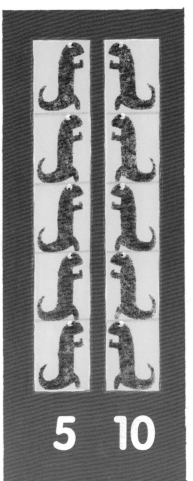

5 10

有5只开着赛车飞速赶来。
我现在数到15只了。

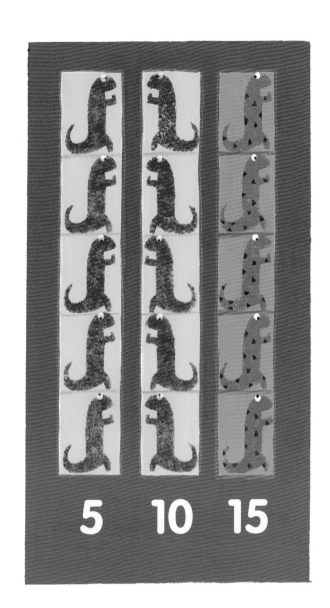

5　　10　　15

5只乘着热气球飞来。
如果它们赶快降落下来，
那就凑成20只了。

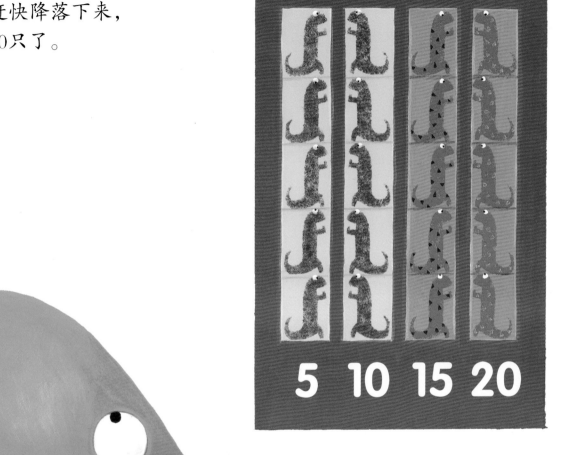

5 10 15 20

5只正游泳前来。
等他们赶到，
就有了50只的一半——25只。

5 10 15 20 25

18

糟糕，我数到哪儿了？
从头开始数吧。
5只加5只，就是10只。

10

后面又来了两拨，各5只，
合起来就是10只——棒极了！
所以现在是20只。
我们可不能迟到。

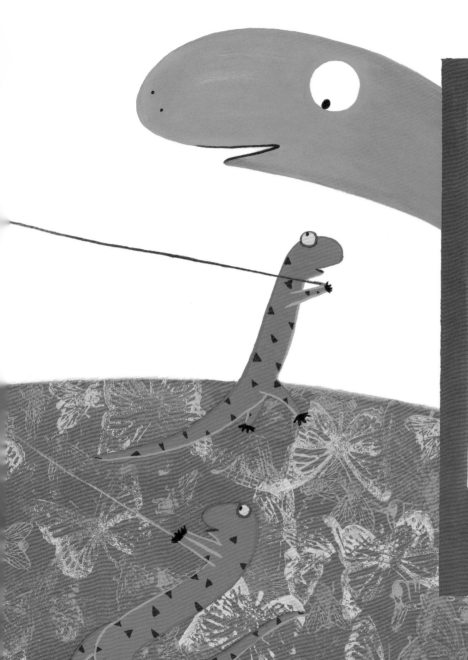

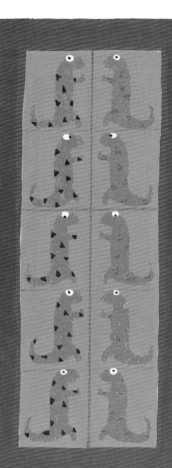

10

20

21

5只游泳前来，于是有了25只。
现在看一看，又有谁开车过来了？
新来的5只开着卡车。
现在有30只了！
我们可真幸运！

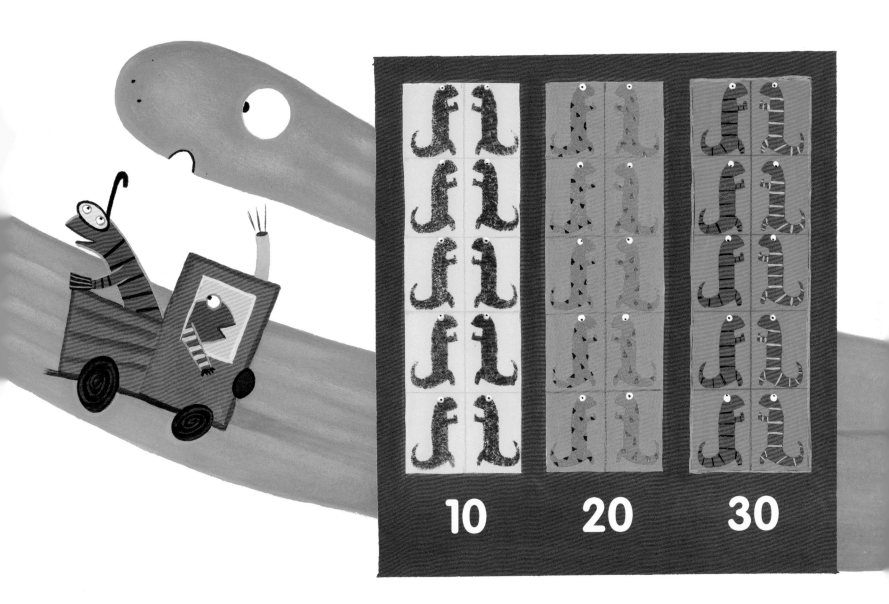

10　　　**20**　　　**30**

天气晴朗，万里无云，
10只蜥蜴乘着帆船前来。
一共有40只蜥蜴了。

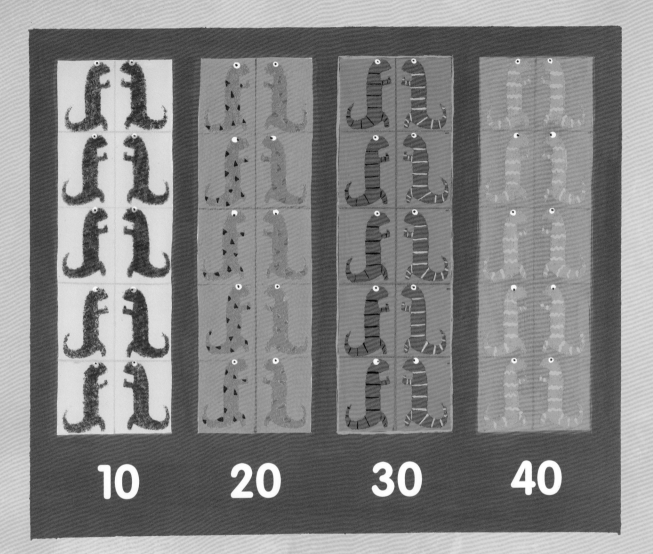

10   20   30   40

一架大飞机载着10只蜥蜴安全着陆。
一共50只蜥蜴——大家都到齐啦!

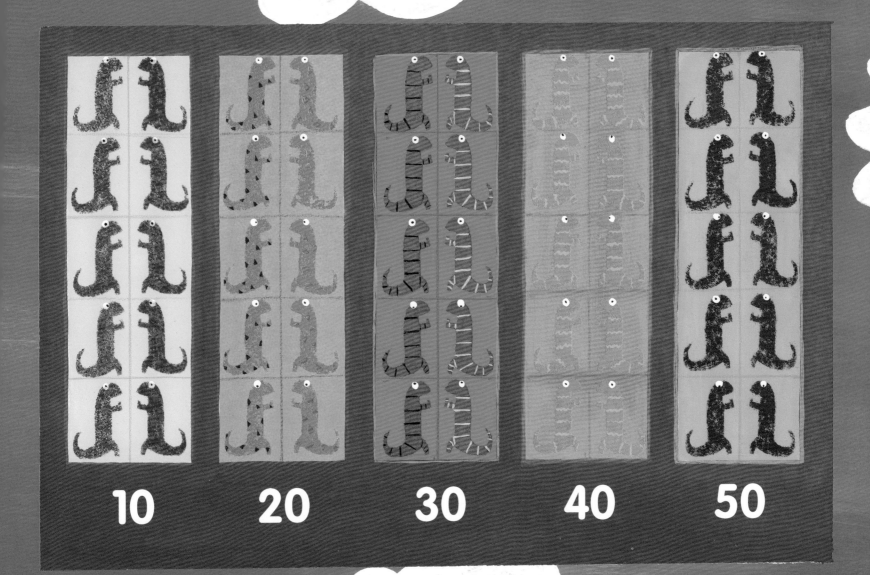

10 **20** **30** **40** **50**

苍蝇和蚊子们：
接下来将要发生什么？
是你们期待已久的表演。
准备好了吗？
预备——
开始！

50只蜥蜴的跳跃表演开始了！

写给家长和孩子

　　《跳跃的蜥蜴》所涉及的数学概念是按群计数。这一技能经常会运用在数钱、计算时间的时候，也能帮助孩子掌握乘法基础。

　　对于《跳跃的蜥蜴》所呈现的数学概念，如果你们想从中获得更多乐趣，有以下几条建议：

　　1. 和孩子一起读故事，数一数每幅图中蜥蜴的数量。提醒孩子，要努力数到50只。

　　2. 准备一些小物件，比如硬币或纽扣，然后和孩子一起再次阅读故事。鼓励孩子用实物演示故事中的计算过程，帮孩子理解两个5是如何合成一个10的。

　　3. 找来50个积木，让孩子把它们每5个分成一组。接下来，让孩子把两组积木合在一起，将两个5组成一个10。

　　4. 帮孩子在计算器上输入数字5，然后加5，记录下它们的和。之后继续加5，每一次都要记下总和，直到得到的和为50。提醒孩子，每次加一个5和以5为单位计数得到的结果是相同的。再以同样的方法，比较每次加一个10和以10为单位计数得到的结果。

　　5. 让孩子数一数，全家人一共有多少根手指和脚趾。鼓励孩子以5或10为单位来计算。

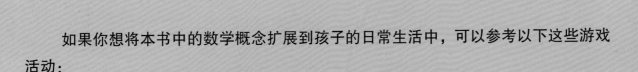

　　如果你想将本书中的数学概念扩展到孩子的日常生活中，可以参考以下这些游戏活动：

　　1. 扑克游戏：准备两副扑克牌，拿掉所有的 J、Q、K 和大小王。洗牌后，每位玩家轮流翻出一张牌。如果玩家拿到的是 5 或 10，就把牌留在手里。先凑到 50 的玩家为获胜者。

　　2. 观察时钟：找一个带指针的时钟，告诉孩子时钟表盘上每两个相邻数字之间都代表 5 分钟。让孩子以 5 为单位去数一数，1 小时里包括多少个 5 分钟。

　　3. 汽车旅行：在汽车开动之后，让每位玩家选择一种颜色。每当车窗外经过的汽车颜色与某位玩家选择的颜色一致，该玩家就获得 5 分，最先得到 50 分的玩家为获胜者。再玩一次，把规则变为每遇上一辆颜色相同的汽车就加 10 分。

洛克数学启蒙

1

《虫虫大游行》	比较
《超人麦迪》	比较轻重
《一双袜子》	配对
《马戏团里的形状》	认识形状
《虫虫爱跳舞》	方位
《宇宙无敌舰长》	立体图形
《手套不见了》	奇数和偶数
《跳跃的蜥蜴》	按群计数
《车上的动物们》	加法
《怪兽音乐椅》	减法

2

《小小消防员》	分类
《1、2、3，茄子》	数字排序
《酷炫100天》	认识1~100
《嘀嘀，小汽车来了》	认识规律
《最棒的假期》	收集数据
《时间到了》	认识时间
《大了还是小了》	数字比较
《会数数的奥马利》	计数
《全部加一倍》	倍数
《狂欢购物节》	巧算加法

3

《人人都有蓝莓派》	加法进位
《鲨鱼游泳训练营》	两位数减法
《跳跳猴的游行》	按群计数
《袋鼠专属任务》	乘法算式
《给我分一半》	认识对半平分
《开心嘉年华》	除法
《地球日，万岁》	位值
《起床出发了》	认识时间线
《打喷嚏的马》	预测
《谁猜得对》	估算

4

《我的比较好》	面积
《小胡椒大事记》	认识日历
《柠檬汁特卖》	条形统计图
《圣代冰激凌》	排列组合
《波莉的笔友》	公制单位
《自行车环行赛》	周长
《也许是开心果》	概率
《比零还少》	负数
《灰熊日报》	百分比
《比赛时间到》	时间